50 rece

jugos verdes

50 recetas de zumos verdes fáciles y
saludables para una vida más sana.
Pierde Peso, Aumenta tu Energía,
Aumenta el Metabolismo y tu Salud
Cerebral con los Batidos Pro-bióticos.
Guía Rápida de Cómo Hacerlos +
Consejos y Trucos para Principiantes

-Martin Pellegrini-

GREEN GOODNESS JUICE

Table of contents

¡Mi mensaje para ti antes de empezar!

Me complace compartir con usted mis 50 fantásticas recetas de zumos verdes.

¡En este libro, encontrarás consejos y otra información sobre la buena práctica para hacer zumos como un profesional aunque seas un principiante!

He seleccionado los zumos para este libro según los clásicos e incluso según mi gusto. Por supuesto, los zumos verdes no son una ciencia exacta, pero puedes utilizar estas medidas como guía y adaptarlas a tu gusto personal. ¿Te gusta el kiwi? Añade otro a tu zumo. ¿Odia las espinacas? Sustitúyela por el hinojo.

Diviértete probando frutas, verduras, hierbas y especias.
¡No tienes límites!

¿Listo para empezar a hacer zumos? ¡No se necesita mucho tiempo! ¡Confía en mí!

¡Estos consejos y trucos te ayudarán a hacer tus batidos de la manera más fácil para asimilar todos los nutrientes!

Prepárate para hacer zumos

1) Selecciona bien tu exprimidor

2) Prepara tu lista de la compra
Antes de ir a la tienda o al mercado, haz tu lista de la compra para saber qué tienes que comprar y cuántas frutas y verduras vas a necesitar

3) Ahorra tiempo
Si piensas hacer un zumo por la mañana antes de ir a trabajar, prepara los productos la noche anterior. Selecciona los ingredientes para tu zumo, lávalos y colócalos en un recipiente en la nevera, y monta el exprimidor en tu cocina para que esté listo a la mañana siguiente.

4) Ahora, empieza a hacer el zumo.

1) Lavar las verduras y las frutas

Los productos no lavados pueden contaminarse con bacterias, por lo que este es un paso importante en el proceso de elaboración de zumos. Llene un recipiente con agua, añada bicarbonato y ponga su fruta o verdura en él. Lava tus productos en el recipiente. ¡NO TE SALTES ESTO!

2) Utiliza una tabla de cortar de madera para cortar tus productos

Los productos pueden ser demasiado grandes para pasar por el brote de productos del exprimidor. Las verduras o frutas pueden perder nutrientes mientras se cortan, por lo que es mejor cortarlas justo antes de hacer el zumo.

3) Ponga los productos cortados en el exprimidor.

Si su exprimidor tiene más de una velocidad, no olvide cambiar de alta a baja para las frutas o verduras más blandas. Normalmente, los productos duros, como las manzanas y las remolachas, se ponen a velocidad alta y los blandos, como las espinacas o la col, a velocidad baja.

4) No te olvides de rejugar la pulpa un par de veces.

5) Llegados a este punto, tendrás un jugo fresco listo para beber.

¡No tardes demasiado en beberlo! Justo después de mezclarlo, el zumo empezará a perder su valor nutricional.
Bébelo cuanto antes! Si lo guardas bien puede durar dos días, pero recuerda que tendrás que guardarlo en la nevera y al vacío. Si lo quieres frío, ¡ponle hielo!

6) ¡Lava tu exprimidor con agua caliente y bicarbonato!

RECUERDA:

- Los rendimientos y la información nutricional son estimados y variarán en función del tamaño del producto y del exprimidor utilizado.

- Nunca olvides tus alergias, si es que las tienes ;)

LET'S START JUICING

-Super Green 2.0-

¡Empezaré con uno de mis zumos favoritos! ¡Máxima velocidad del exprimidor!

Ingredientes (Hace 2 porciones)
- ½ pepino
- 200g de remolacha
- 200g de col rizada
- 1 puñado de perejil
- 200g de espinacas
- 2 zanahorias
- ½ puñado de menta
- 4 apios

INSTRUCCIONES:
1) Lava los ingredientes
2) Pele las zanahorias
3) Pasa todos los ingredientes por el exprimidor con un poco de pimienta y bébelo al instante

Calorías
125 / 505kJ
Grasa
0.8g
Grasas trans
0.2g
Colesterol
0g
Sodio
95.2mg
Carbohidratos
8g
Fibra
4.7g
Azúcares
0.7g
Proteína
3.8g

Apoplejía, diabetes, cáncer, gota, alergias, visión, piel, inmunidad, GI, hígado

-Super K-

Lleno de vitamina K

Ingredientes (para 2 raciones)
- ½ puñado de perejil
- 200g de remolacha
- 200g de col rizada
- 150g de espinacas
- 5 manzanas verdes
- 2 de naranja

INSTRUCCIONES:
1) Lava los ingredientes
2) No peles las manzanas
3) Pasa todos los ingredientes por el exprimidor y ¡disfruta!

Calorías
165 / 505kJ
Grasa
0.8g
Grasas trans
0.2g
Colesterol
0g
Sodio
95.2mg
Carbohidratos
16g
Fibra
4.7g
Azúcares
9.7g
Proteína
2.8g

Apoplejía, diabetes, cáncer, gota, alergias, visión, piel, inmunidad, GI, hígado

-Cold avocado soup-

Ingredientes (para 2 raciones)
- 1 aguacate
- 2 pepinos
- ½ taza de leche de almendras
- 1 puñado de cilantro
- 50g de aceitunas negras
- 1 lima

INSTRUCCIONES:
1) Lava los ingredientes
2) Pele el aguacate y la lima
3) Quita el corazón del aguacate y las aceitunas
4) Pasa todos los ingredientes por el exprimidor con un poco de pimienta y bébelo al instante

Calorías
145 / 435kJ
Grasa
0.8g
Grasas trans
0.2g
Colesterol
0g
Sodio
95.2mg
Carbohidratos
8g
Fibra
4.7g
Azúcares
0.7g
Proteína
3.8g

Apoplejía, diabetes, cáncer, gota, alergias, visión, piel, inmunidad, GI, hígado

-Green Roots-

Las raíces son importantes ;)

Ingredientes (para 2 raciones)
- 1 rábano picante
- 3 chirivías
- 4 escarolas
- 1 puñado de eneldo
- 5 zanahorias
- 20 g de jengibre

INSTRUCCIONES:
1) Lava los ingredientes
2) Pele el jengibre y el rábano picante
4) Pasa todos los ingredientes por el exprimidor con un poco de sal y bébelo al instante

Calorías
125 / 405kJ
Grasa
0.9g
Grasas trans
0.2g
Colesterol
0g
Sodio
95.2mg
Carbohidratos
8g
Fibra
2.7g
Azúcares
0.6g
Proteína
2.4g

Apoplejía, diabetes, cáncer, gota, alergias, visión, piel, inmunidad, GI, hígado

¿Has visto alguna vez una pera de jengibre? ¡Aquí la tienes!

Ingredientes (Hace 2 porciones)
- ½ taza de leche de almendras
- 3 peras
- 4 hojas de col rizada
- 40g de jengibre

INSTRUCCIONES:
1) Lava los ingredientes
2) Pela las peras y el jengibre
4) Pasa todos los ingredientes por el exprimidor y bébelo al instante

Calorías
115 / 395kJ
Grasa
2.5g
Grasas trans
0.2g
Colesterol
0g
Sodio
95.2mg
Carbohidratos
18g
Fibra
2.7g
Azúcares
10.6g
Proteína
2.4g

Apoplejía, diabetes, cáncer, gota, alergias, visión, piel, inmunidad, GI, hígado

Ingredientes (para 2 raciones)
- 2 manzanas
- 2 peras
- 4 hojas de col rizada
- 100g de espinacas
- ½ taza de leche de almendras

INSTRUCCIONES:
1) Lava los ingredientes
2) Pele las peras
4) Pasa todos los ingredientes por el exprimidor y ¡disfruta!

Calorías
155 / 505kJ
Grasa
2.5g
Grasas trans
0.2g
Colesterol
0g
Sodio
95.2mg
Carbohidratos
18g
Fibra
2.7g
Azúcares
10.6g
Proteína
2.4g

Apoplejía, cáncer, gota, alergias, visión, piel, inmunidad, GI, hígado

Ingredientes (para 2 raciones)
- 5 rodajas de piña
- 2 hojas de col rizada
- 4 hojas de menta
- 300g de espinacas
- ½ taza de agua

INSTRUCCIONES:
1) Lava los ingredientes
2) Pela la piña
4) Pasa todos los ingredientes por el exprimidor y ¡disfruta!

Calorías
145 / 475kJ
Grasa
0.9g
Grasas trans
0.2g
Colesterol
0g
Sodio
95.2mg
Carbohidratos
17g
Fibra
2.7g
Azúcares
19.6g
Proteína
1.4g

Apoplejía, diabetes, cáncer, gota, alergias, visión, piel, inmunidad, GI, hígado

Ingredientes (para 2 raciones)
- 1 puñado de espinacas
- 3 hojas de romero
- 3 hojas de menta
- 3 hojas de apio
- 3 hojas de col rizada
- 1 pepino
- 1 manzana
- ½ taza de zumo de limón

INSTRUCCIONES:
1) Lava los ingredientes
2) Pela la manzana y exprime el limón
4) Pasa todos los ingredientes por el exprimidor y ¡disfruta!

Calorías
125 / 425kJ
Grasa
0.9g
Grasas trans
0.2g
Colesterol
0g
Sodio
95.2mg
Carbohidratos
12g
Fibra
2.7g
Azúcares
8.6g
Proteína
1.7g

Gota, inflamación/dolor, enfermedades autoinmunes, pérdida de peso/obesidad, inmunidad, vesícula biliar

Un zumo de jardín bajo en calorías y alto en caroteno, luteína y zea-xantina.

Ingredientes (para 2 raciones)
- ½ calabaza amarilla
- 2 hojas de col rizada (col toscana)
- 1 manzana
- 1 tallo de brócoli
- 2 puñados de espinacas
- 3 zanahorias

INSTRUCCIONES:
1) Lava todos los ingredientes.
2) Añade todos los ingredientes a la licuadora y ¡disfruta!

Calorías
77 / 322kJ
Grasa
0g
Grasas trans
0g
Colesterol
0g
Sodio
0mg
Carbohidratos
18g
Fibra
0g
Azúcares
12g
Proteína
2g

Gota, cáncer, diabetes, inflamación/dolor, enfermedades autoinmunes, pérdida de peso/obesidad, inmunidad

Ingredientes (para 2 raciones)
- 6 hojas de col rizada (col toscana)
- 1 pepino
- 1 lima
- 1 puñado pequeño de menta
- 1 jalapeño
- 3 costillas de apio (opcional)

INSTRUCCIONES:
1) Pele la lima.
2) Retira las semillas del jalapeño.
3) Lava todos los ingredientes.
4) Añada todos los ingredientes a la licuadora y disfrute.

Calorías
164 / 686kJ
Grasa
1g
Grasas trans
0g
Colesterol
0g
Sodio
6mg
Carbohidratos
44g
Fibra
0g
Azúcares
31g
Proteína
3g

-Carrot Spinach Apple-

Un zumo verde dulce con alto contenido en vitamina K y A para promover la fuerza y la vitalidad.

Ingredientes (para 2 raciones)
- 2 zanahorias
- 2 puñados de espinacas
- 1 puñado pequeño de perejil
- 2 manzanas

INSTRUCCIONES:
1) Lave todos los ingredientes.
2) Añade todos los ingredientes en el exprimidor y disfruta.

Calorías
92 / 385kJ
Grasa
0g
Grasas trans
0g
Colesterol
0g
Sodio
60mg
Carbohidratos
13g
Fibra
1g
Azúcares
9g
Proteína
3g

Gota, inflamación/dolor, pérdida de peso/obesidad, inmunidad

Ingredientes (para 2 raciones)
- ¼ de cabeza de col verde
- 2 peras
- 6 hojas de lechuga romana
- 2,5 cm de jengibre

INSTRUCCIONES:
1) Pele el jengibre.
2) Lava todos los ingredientes.
3) Pasa todos los ingredientes por el exprimidor y ¡disfruta!

Calorías
106 / 444kJ
Grasa
0g
Grasas trans
0g
Colesterol
0g
Sodio
26mg
Carbohidratos
27g
Fibra
1g
Azúcares
16g
Proteína
2g

Gota, inflamación/dolor, enfermedades autoinmunes, pérdida de peso/obesidad, inmunidad, vesícula biliar

Ingredientes (para 2 raciones)
- 6 hojas de col rizada (col toscana)
- 5 hojas de berza
- 1 pepino
- 1 puñado de perejil
- 1 manzana
- 2,5 cm de jengibre

INSTRUCCIONES:
1) Pela el jengibre.
2) Lava todos los ingredientes.
3) Pasa todos los ingredientes por el exprimidor y ¡disfruta!

Calorías
88 / 368kJ
Grasa
1g
Grasas trans
0g
Colesterol
0g
Sodio
108mg
Carbohidratos
20g
Fibra
2g
Azúcares
10g
Proteína
3g

Gota, inflamación/dolor, enfermedades autoinmunes, pérdida de peso/obesidad, inmunidad, vesícula biliar

Una buena opción para su consumo diario de zumos cargados de fitoquímicos.

Ingredientes (para 2 raciones)
- 2 puñados de espinacas
- 2 zanahorias
- 2 manzanas
- 2 costillas de apio
- 1 pepino

INSTRUCCIONES:
1) Lava todos los ingredientes.
2) Añada todos los ingredientes a la licuadora y disfrute.

Calorías
112 / 469kJ
Grasa
0g
Grasas trans
0g
Colesterol
0g
Sodio
82mg
Carbohidratos
27g
Fibra
0g
Azúcares
19g
Proteína
3g

Gota, inflamación/dolor, enfermedades autoinmunes, pérdida de peso/obesidad, inmunidad, vesícula biliar

Combina estos tres ingredientes y tendrás un giro saludable al zumo de manzana comprado en la tienda en cuestión de minutos.

Ingredientes (para 2 raciones)
- 2 manzanas
- 2 kiwis
- 2 puñados grandes de espinacas

INSTRUCCIONES:
1) Pele el kiwi.
2) Lava todos los ingredientes.
3) Pasa todos los ingredientes por el exprimidor y ¡disfruta!

Calorías
89 / 372kJ
Grasa
1g
Grasas trans
1g
Colesterol
1m
Sodio
27mg
Carbohidratos
21g
Fibra
1g
Azúcares
14g
Proteína
1g

Gota, inflamación/dolor, enfermedades autoinmunes, pérdida de peso/obesidad, inmunidad, vesícula biliar

-Green Citrus Mix-

Los ingredientes son sencillos; se trata de lo básico: manzana, naranja y grandes puñados de espinacas

Ingredientes (para 2 raciones)
- 1 manzana verde
- 1 naranja
- 3 puñados de espinacas

INSTRUCCIONES:
1) Pele la naranja.
2) Lava todos los ingredientes.
3) Pasa todos los ingredientes por el exprimidor y ¡disfruta!

Calorías
84 / 352kJ
Grasa
1g
Grasas trans
0g
Colesterol
0g
Sodio
31mg
Carbohidratos
20g
Fibra
2g
Azúcares
10g
Proteína
3g

Gota, inflamación/dolor, enfermedades autoinmunes, pérdida de peso/obesidad, inmunidad

Ingredientes (para 2 raciones)
- 1 hinojo
- 1 costilla de apio
- 8 hojas de col rizada (col toscana)
- 1 manzana verde
- 2 naranjas
-1/2 jengibre

INSTRUCCIONES:
1) Pele las naranjas.
2) Lava todos los ingredientes.
3) Pasa todos los ingredientes por el exprimidor y ¡disfruta!

Calorías
116 / 485kJ
Grasa
1g
Grasas trans
0g
Colesterol
0g
Sodio
69mg
Carbohidratos
27g
Fibra
3g
Azúcares
13g
Proteína
4g

-Simple Green-

Sólo se necesitan unos segundos para cargarse de nutrientes con este sencillo zumo.

Ingredientes (para 2 raciones)
- 1 hinojo
- 2 costillas de apio
- 3 puñados de espinacas

INSTRUCCIONES:
1) Lava todos los ingredientes.
2) Añade todos los ingredientes a la licuadora y ¡disfruta!

Calorías
88 / 368kJ
Grasa
0g
Grasas trans
0g
Colesterol
0g
Sodio
128mg
Carbohidratos
8g
Fibra
0g
Azúcares
1g
Proteína
2g

Gota, inflamación/dolor, enfermedades autoinmunes, pérdida de peso/obesidad, inmunidad, vesícula biliar

-Queen's Grape Pear-

Un giro saludable del zumo de uva para luchar contra el riesgo de infarto y la hipertensión arterial.

Ingredientes (para 2 raciones)
- 1 taza / 150 g de uvas verdes
- 1 pera
- 1 lima
- 2 pepinos

INSTRUCCIONES:
1) Pela la lima.
2) Lava todos los ingredientes.
3) Pasa todos los ingredientes por el exprimidor y ¡disfruta!

Calorías
111 / 465kJ
Grasa
0g
Grasas trans
0g
Colesterol
0g
Sodio
7mg
Carbohidratos
29g
Fibra
1g
Azúcares
18g
Proteína
2g

Apoplejía, cáncer, gota, alergias, visión, piel, inmunidad, GI, hígado

---

-The Great Green-

Consuma esta fuente de fitonutrientes todos los días y su cuerpo se lo agradecerá.

Ingredientes (para 2 raciones)
- 1 manzana verde
- 2 puñados de espinacas
- 6 hojas de acelga (remolacha plateada)
- 1 pepino
- 2 costillas de apio
- ½ hinojo
- 1 manojo de albahaca

INSTRUCCIONES:
1) Lava todos los ingredientes.
2) Añade todos los ingredientes a la licuadora y ¡disfruta!

Calorías
75 / 314kJ
Grasa
0g
Grasas trans
0g
Colesterol
0g
Sodio
105mg
Carbohidratos
17g
Fibra
0g
Azúcares
8g
Proteína
3g

Apoplejía, cáncer, gota, alergias, visión, piel, inmunidad, GI, hígado

-Great Green Honey-

Puede parecer el típico zumo verde, pero su dulce sabor a miel ofrece un gusto único.

Ingredientes (para 2 raciones)
- ⅓ de melón mediano
- 1 manzana
- 8 hojas de col rizada (col toscana)
- ½ pepino

INSTRUCCIONES:
1) Retira la corteza del melocotón.
2) Lava todos los ingredientes.
3) Pasa todos los ingredientes por el exprimidor y ¡disfruta!

Calorías
101 / 423kJ
Grasa
1g
Grasas trans
0g
Colesterol
0g
Sodio
74mg
Carbohidratos
22g
Fibra
2g
Azúcares
11g
Proteína
3g

Gota, inflamación/dolor, enfermedades autoinmunes, pérdida de peso/obesidad, inmunidad, vesícula biliar

-Green Lemonade-

¡Toma una refrescante limonada! ¡Bebida de verano!

Ingredientes (para 2 raciones)
- 1 manzana verde
- 2 puñados de espinacas
- 8 hojas de col rizada (col toscana)
- ½ pepino
- 2 costillas de apio
- 1 limón

INSTRUCCIONES:
1) Pele el limón.
2) Lava todos los ingredientes.
3) Pasa todos los ingredientes por el exprimidor y ¡disfruta!

Calorías
74 / 310kJ
Grasa
1g
Grasas trans
0g
Colesterol
0g
Sodio
61mg
Carbohidratos
17g
Fibra
1g
Azúcares
7g
Proteína
3g

Gota, alergias, visión, piel, inmunidad, GI, hígado

Ingredientes (para 2 raciones)
- 8 hojas de col rizada (col toscana)
- 2 manzanas verdes
- ½ limón

INSTRUCCIONES:
1) Pele el limón.
2) Lava todos los ingredientes.
3) Pasa todos los ingredientes por el exprimidor y ¡disfruta!

Calorías
103 / 431kJ
Grasa
1g
Grasas trans
0g
Colesterol
0g
Sodio
45mg
Carbohidratos
24g
Fibra
2g
Azúcares
14g
Proteína
3g

-Jicama Juice-

Uno de los jugos que mas puede ayudar a reforzar su sistema inmunológico.

Ingredientes (para 2 porciones)
- 1 jícama
- 4 hojas de lechuga romana
- 2 puñados de espinacas
- 1 puñado pequeño de estragón
- ½ limón

INSTRUCCIONES:
1) Pele la jícama y el limón.
2) Lava todos los ingredientes.
3) Pasa todos los ingredientes por el exprimidor y ¡disfruta!

Calorías
57 / 238kJ
Grasa
0g
Grasas trans
0g
Colesterol
0g
Sodio
14mg
Carbohidratos
16g
Fibra
0g
Azúcares
3g
Proteína
3g

Gota, alergias, visión, piel, inmunidad, GI

Ingredientes (para 2 raciones)
- 1 pepino
- 4 costillas de apio
- 2 manzanas verdes
- 8 hojas de col rizada (col toscana)
- ½ limón
- 1" / 2,5cm de jengibre

INSTRUCCIONES:
1) Pele el limón y el jengibre.
2) Lava todos los ingredientes.
3) Pasa todos los ingredientes por el exprimidor y ¡disfruta!

Calorías
106 / 444kJ
Grasa
1g
Grasas trans
0g
Colesterol
0g
Sodio
69mg
Carbohidratos
26g
Fibra
1g
Azúcares
14g
Proteína
3g

Gota, cáncer, inflamación/dolor, enfermedades autoinmunes, vesícula biliar

-Cucumber Melon Mix-

Ingredientes (para 2 raciones)
- 1 pepino
-1/2 de melón
- 1 lima
- ⅓ melón mediano
- 1 jalapeño
- 1" / 2,5cm de jengibre

INSTRUCCIONES:
1) Pele la lima, el jengibre y el melón
2) Retira la corteza del melón.
3) Retira las semillas del jalapeño.
4) Lave todos los ingredientes.
5) Pasa todos los ingredientes por el exprimidor y ¡disfruta!

Calorías
46 / 192kJ
Grasa
0g
Grasas trans
0g
Colesterol
0g
Sodio
14mg
Carbohidratos
12g
Fibra
0g
Azúcares
7g
Proteína
1g

Gota, inflamación/dolor, enfermedades autoinmunes, pérdida de peso/obesidad, inmunidad, vesícula biliar

-Lemon's Bitter-

Dulce y ácido y cargado de poder nutricional.

Ingredientes (para 2 raciones)
- 1 limón
- 1 lima
- 1 puñado de berros
- 2 manzanas verdes

INSTRUCCIONES:
1) Pela el limón y la lima.
2) Lava todos los ingredientes.
3) Pasa todos los ingredientes por el exprimidor y ¡disfruta!

Calorías
96 / 402kJ
Grasa
0g
Grasas trans
0g
Colesterol
0g
Sodio
8mg
Carbohidratos
26g
Fibra
1g
Azúcares
17g
Proteína
1g

Gota, enfermedades autoinmunes, inmunidad, vesícula biliar

Ingredientes (para 2 raciones)
- 2 manzanas verdes
- 2 kiwis
- 2 costillas de apio

INSTRUCCIONES:
1) Pele el kiwi.
2) Lava todos los ingredientes.
3) Pasa todos los ingredientes por el exprimidor y ¡disfruta!

Calorías
100 / 419kJ
Grasa
1g
Grasas trans
0g
Colesterol
0g
Sodio
25mg
Carbohidratos
26g
Fibra
0g
Azúcares
18g
Proteína
1g

Gota, alergias, afecciones de la vista, de la piel y del sistema inmunitario

Deliciosa tarta con un dulzor satisfactorio y un sabor ligeramente ácido.

Ingredientes (para 2 raciones)
- ⅓ melón mediano
- ⅔ piña mediana
- 2 manzanas verdes
- 8 hojas de col rizada (col toscana)

INSTRUCCIONES:
1) Retira la corteza del melazo y de la piña.
2) Lave todos los ingredientes.
3) Pasa todos los ingredientes por el exprimidor y ¡disfruta!

Calorías
113 / 473kJ
Grasa
1g
Grasas trans
0g
Colesterol
0g
Sodio
35mg
Carbohidratos
26g
Fibra
1g
Azúcares
17g
Proteína
1g

Gota, inflamación/dolor, pérdida de peso/obesidad, inmunidad, vesícula biliar

Ingredientes (para 2 raciones)

- 2 manzanas
- ½ melón (melón de roca)
- ½ melón
- 7 hojas de col rizada (col toscana)
- 7 hojas de acelga (remolacha plateada)

INSTRUCCIONES:

1) Retira la corteza del melón y del melón dulce.
2) Lave todos los ingredientes.
3) Pasa todos los ingredientes por el exprimidor y ¡disfruta!

Calorías
178 / 745kJ
Grasa
1g
Grasas trans
0g
Colesterol
0g
Sodio
122mg
Carbohidratos
44g
Fibra
1g
Azúcares
32g
Proteína
4g

Gota, alergias, visión, piel, inmunidad, GI

Ingredientes (para 2 raciones)
- 2 pepinos
- 4 puñados de cilantro
- 1 lima
- 1 chile poblano
- 1 manzana

INSTRUCCIONES:
1) Pele la lima.
2) Retira las semillas del chile poblano.
3) Lava todos los ingredientes.
4) Añada todos los ingredientes a la licuadora y disfrute.

Calorías
69 / 289kJ
Grasa
0g
Grasas trans
0g
Colesterol
0g
Sodio
7mg
Carbohidratos
18g
Fibra
0g
Azúcares
10g
Proteína
2g

Gota, inflamación/dolor, enfermedades autoinmunes, pérdida de peso/obesidad, inmunidad, vesícula biliar

Este variado zumo es una excelente fuente de vitamina A y otros potentes antioxidantes. ¡Disfrútelo!

Ingredientes (Hace 2 porciones)

- 2 manzanas verdes
- ½ melazo
- 8 hojas de acelga (remolacha plateada)
- 1 lima
- 1 puñado pequeño de albahaca
- 1 puñado pequeño de menta

INSTRUCCIONES:

1) Pele la lima.
2) Retira la corteza del melocotón.
3) Lava todos los ingredientes.
4) Añade todos los ingredientes en el exprimidor y ¡disfruta!

Calorías

112 / 469kJ

Grasa

1g

Grasas trans

0g

Colesterol

0g

Sodio

93mg

Carbohidratos

25g

Fibra

1g

Azúcares

17g

Proteína

2g

Gota, alergias, visión, piel, inmunidad, GI, hígado

-The Green Morning Glory-

Sáltate el café y empieza el día con un montón de zumos verdes dulces.

Ingredientes (para 2 raciones)
- 5 hojas de col rizada (col toscana)
- 1 puñado de espinacas
- 3 hojas de lechuga romana
- 1 pepino
- 3 costillas de apio
- 1 manzana verde
- 1 limón y 1 jalapeño

INSTRUCCIONES:
1) Pela el limón.
2) Lava todos los ingredientes.
3) Añade todos los ingredientes a la licuadora y ¡disfruta!

Calorías
75 / 314kJ
Grasa
1g
Grasas trans
0g
Colesterol
0g
Sodio
57mg
Carbohidratos
18g
Fibra
1g
Azúcares
9g
Proteína
3g

Gota, alergias, visión, piel, inmunidad, GI, hígado, cáncer

-Peachy Green Mix-

Ingredientes (para 2 raciones)
- 2 calabazas de verano
- 8 hojas de col rizada (col toscana)
- 4 hojas de diente de león
- 4 melocotones
- 1 manzana
- ½ limón

INSTRUCCIONES:
1) Pele el limón.
2) Retira los huesos de los melocotones.
3) Lava todos los ingredientes.
4) Pasa todos los ingredientes por el exprimidor y ¡disfruta!

Calorías
166 / 695kJ
Grasa
1g
Grasas trans
0g
Colesterol
0g
Sodio
38mg
Carbohidratos
39g
Fibra
1g
Azúcares
26g
Proteína
6g

Condiciones auto inmunes, pérdida de peso/obesidad, inmunidad, vesícula biliar

Rica en antioxidantes y sabor, esta bebida es una delicia y un sabor refrescante para los cálidos meses de verano.

Ingredientes (para 2 raciones)
- 2 ½ tazas / 380g de sandía
- 1 taza / 140g de arándanos
- 8 hojas de acelga (remolacha plateada)

INSTRUCCIONES:
1) Retira la corteza de la sandía.
2) Lava todos los ingredientes.
3) Pasa todos los ingredientes por el exprimidor y ¡disfruta!

Calorías
74 / 310kJ
Grasa
0g
Grasas trans
0g
Colesterol
0g
Sodio
56mg
Carbohidratos
18g
Fibra
0g
Azúcares
14g
Proteína
2g

Cáncer, alergias, visión, piel, condiciones del sistema inmunológico, GI

Verduras sanas y poderosas, ideales para curar y proteger contra las enfermedades.

Ingredientes (para 2 raciones)
- 8 hojas de col rizada (col toscana)
- 2 puñados de espinacas
- ½ pepino
- 4 costillas de apio
- 2 manzanas verdes
- 1" / 2,5cm de jengibre

INSTRUCCIONES:
1) Pela el jengibre.
2) Lava todos los ingredientes.
3) Pasa todos los ingredientes por el exprimidor y ¡disfruta!

Calorías
100 / 419kJ
Grasa
1g
Grasas trans
0g
Colesterol
0g
Sodio
84mg
Carbohidratos
24g
Fibra
1g
Azúcares
13g
Proteína
3g

Gota, inflamación/dolor, enfermedades autoinmunes, pérdida de peso

Ingredientes (para 2 raciones)

- 2 costillas de apio
- 2 hojas de acelga (remolacha)
- ½ limón
- 1 puñado pequeño de menta
- 1 manzana
- ½ pepino

INSTRUCCIONES:

1) Pela el limón.
2) Lava todos los ingredientes.
3) Pasa todos los ingredientes por el exprimidor y ¡disfruta!

Calorías
54 / 226kJ
Grasa
0g
Grasas trans
0g
Colesterol
0g
Sodio
52mg
Carbohidratos
13g
Fibra
0g
Azúcares
9g
Proteína
1g

Ingredientes (para 2 raciones)
- 2 manzanas
- 2 peras
- 8 hojas de col rizada (col toscana)
- 1 ½" / 4cm de jengibre

INSTRUCCIONES:
1) Pele el jengibre.
2) Lava todos los ingredientes.
3) Pasa todos los ingredientes por el exprimidor y ¡disfruta!

Calorías
141 / 590kJ
Grasa
0g
Grasas trans
0g
Colesterol
0g
Sodio
3mg
Carbohidratos
37g
Fibra
2g
Azúcares
36g
Proteína
1g

Alergias, cáncer, visión, condiciones del sistema inmunológico, GI

Un zumo verde clásico, el calabacín aporta un sabor ligero mientras que las manzanas añaden un toque de dulzura.

Ingredientes (para 2 raciones)

- 2 manzanas
- 4 hojas de col rizada (col toscana)
- 1 puñado de espinacas
- ½ pepino
- 1 calabacín
- ¼ de limón
- 1" / 2,5cm de jengibre

INSTRUCCIONES:

1) Pela el limón y el jengibre.
2) Lava todos los ingredientes.
3) Pasa todos los ingredientes por el exprimidor y disfruta.

Calorías
99 / 414kJ
Grasa
1g
Grasas trans
0g
Colesterol
0g
Sodio
30mg
Carbohidratos
23g
Fibra
2g
Azúcares
13g
Proteína
2g

Alergias, cáncer, visión, enfermedades del sistema inmunitario

Ingredientes (para 2 raciones)
- ¼ de piña mediana
- 1 manzana verde
- 8 hojas de col rizada

INSTRUCCIONES:
1) Retira la corteza de la piña.
2) Lava todos los ingredientes.
3) Añade todos los ingredientes a la licuadora y ¡disfruta!

Calorías
99 / 414kJ
Grasa
1g
Grasas trans
0g
Colesterol
0g
Sodio
45mg
Carbohidratos
22g
Fibra
1g
Azúcares
12g
Proteína
3g

Alergias, cáncer, visión, enfermedades del sistema inmunitario

El limón y el perejil hacen una "pera" perfecta en este zumo al ofrecer un sabor ácido con alto contenido en vitamina C.

Ingredientes (para 2 raciones)
- 8 hojas de col rizada (col toscana)
- 1 pera
- 1 pepino
- 1 puñado de perejil
- ½ limón

INSTRUCCIONES:
1) Pela el limón.
2) Lava todos los ingredientes.
3) Pasa todos los ingredientes por el exprimidor y ¡disfruta!

Calorías
103 / 431kJ
Grasa
1g
Grasas trans
0g
Colesterol
0g
Sodio
47mg
Carbohidratos
23g
Fibra
2g
Azúcares
8g
Proteína
5g

Gota, inflamación/dolor, enfermedades autoinmunes, pérdida de peso/obesidad, inmunidad, vesícula biliar

Todo el mundo se merece un poco de vitamina K.

Ingredientes (para 2 raciones)
- 2 manzanas
- 2 costillas de apio
- 1 pepino
- 6 hojas de acelga (remolacha plateada)
- ½ limón

INSTRUCCIONES:
1) Pele el limón.
2) Lava todos los ingredientes.
3) Pasa todos los ingredientes por el exprimidor y ¡disfruta!

Calorías
99 / 414kJ
Grasa
1g
Grasas trans
0g
Colesterol
0g
Sodio
133mg
Carbohidratos
22g
Fibra
1g
Azúcares
16g
Proteína
2g

Gota, inflamación/dolor, enfermedades autoinmunes, pérdida de peso/obesidad, inmunidad

Ingredientes (para 2 raciones)
- 3 naranjas
- 1 limón
- 1 lima
- 2 ramitas de romero
- 6 hojas de lechuga romana

INSTRUCCIONES:
1) Pela las naranjas, el limón y la lima.
2) Lava todos los ingredientes.
3) Pasa todos los ingredientes por el exprimidor y ¡disfruta!

Calorías
78 / 326kJ
Grasa
0g
Grasas trans
0g
Colesterol
0g
Sodio
1mg
Carbohidratos
21g
Fibra
3g
Azúcares
14g
Proteína
2g

Ingredientes (para 2 raciones)
- ¼ de piña mediana
- 4 hojas de acelga (remolacha)
- 1 kiwi
- 1 taza / 150g de uvas rojas
- 1 manzana verde

INSTRUCCIONES:
1) Pela el kiwi y retira la corteza de la piña.
2) Lava todos los ingredientes.
3) Pasa todos los ingredientes por el exprimidor y ¡disfruta!

Calorías

89 / 372kJ

Grasa

0g

Grasas trans

0g

Colesterol

0g

Sodio

59mg

Carbohidratos

23g

Fibra

0g

Azúcares

17g

Proteína

1g

Ingredientes (para 2 raciones)
- 1 pomelo
- ½ hinojo
- 1 naranja
- 1 puñado de albahaca

INSTRUCCIONES:
1) Pela el pomelo y la naranja.
2) Lava todos los ingredientes.
3) Pasa todos los ingredientes por el exprimidor.

Calorías
149 / 624kJ
Grasa
1g
Grasas trans
0g
Colesterol
0g
Sodio
5mg
Carbohidratos
36g
Fibra
0g
Azúcares
20g
Proteína
2g

Gota, inflamación/dolor, enfermedades autoinmunes, pérdida de peso/obesidad, inmunidad, vesícula biliar

-Winter Green Detox-

De la mano del chef Dan Kluger, este favorito de temporada y fuente de antioxidantes, está cargado de siete frutas y verduras diferentes que aportan un excedente de fitonutrientes.

Ingredientes (para 2 porciones)
- 1 pomelo
- 1 puñado pequeño de menta
- 3 costillas de apio
- ½ hinojo
- 1 limón
- 1 manzana
- 5 hojas de col rizada (col toscana)

INSTRUCCIONES:
1) Pele el pomelo y el limón.
2) Lava todos los ingredientes.
3) Pasa todos los ingredientes por el exprimidor y ¡disfruta!

Calorías
105 / 439kJ
Grasa
1g
Grasas trans
0g
Colesterol
0g
Sodio
135mg
Carbohidratos
23g
Fibra
2g
Azúcares
7g
Proteína
4g

Apoplejía, diabetes, cáncer, gota, alergias, visión, piel, inmunidad, GI, hígado

La bebida más saludable para desintoxicarse después de las vacaciones o donde sea que te hayas excedido ;) Ajusta las cantidades de fruta y verdura a tu gusto personal. ¡Más manzana equivale a una bebida más dulce!

Ingredientes (para 2 raciones)
- 2 manzanas verdes
- 4 tallos de apio, sin hojas
- 1 pepino
- 6 hojas de col rizada
- ½ limón, pelado
- 1 trozo de jengibre fresco (1 pulgada)

INSTRUCCIONES:
1) Quita las hojas al apio
2) Pele el limón
3) Lava todos los ingredientes.
4) Añade todos los ingredientes a la licuadora y ¡disfruta!

Calorías
144 / 505kJ
Grasa
1.1g
Grasas trans
0.2g
Colesterol
0g
Sodio
95.2mg
Carbohidratos
36g
Fibra
7.7g
Azúcares
18g
Proteína
4.2g

Apoplejía, diabetes, cáncer, gota, alergias, visión, piel, inmunidad, GI, hígado

-Cucumber cooler-

The healthiest drink for detoxing after the holidays or wherever you have overdone it ;) Adjust fruit and veggie amounts to suit your personal taste. More apple equals a sweeter drink!

Ingredients (Makes 2 servings)
- 4 cucumbers
- ½ cup fresh lime juice
- ½ cup brown sugar
- ½ cup water

DIRECTIONS:
1) Remove leaves to celery
2) Peel the lemon
3) Wash all ingredients.
4) Add all ingredients through juicer and enjoy!

Calories
144 / 505kJ
Fat
1.1g
Trans Fat
0.2g
Cholesterol
0g
Sodium
95.2mg
Carbohydrate
36g
Fiber
7.7g
Sugars
18g
Protein
4.2g

Gout, inflammation/pain, auto immune conditions, weight loss/obesity, immunity, gallbladder

-Popeye's Drink-

Esta mezcla es ideal para después del gimnasio o por la mañana.

Ingredientes (para 2 raciones)
- 200g de lechuga
- 200g de ortiga
- 200g de diente de león
- 1 puñado de perejil
- 200 g de espinacas
- 50g de jengibre
- ½ taza de agua mineral

INSTRUCCIONES:
1) Lava los ingredientes
2) Pela el jengibre
3) Pasa todos los ingredientes por el exprimidor y ¡disfruta!

Calorías
155 / 505kJ
Grasa
0.8g
Grasas trans
0.2g
Colesterol
0g
Sodio
95.2mg
Carbohidratos
9g
Fibra
6.7g
Azúcares
0.7g
Proteína
5.8g

Apoplejía, diabetes, cáncer, gota, alergias, visión, piel, inmunidad, GI, hígado